This is My Ideal Home

色彩风

这才是我想要的家

李江军 编

U0323641

中国电力出版社
CHINA ELECTRIC POWER PRESS

内容提要

本书以提升家居美学为前提，给您带来别具一格的文艺小清新。书中以家居色彩表现技巧为重点，分为亮色点睛、木色怡人、浓墨重彩、清新蓝调、素色静谧、撞色之美6章，由设计名家解析每个案例的色彩表现技法，点评家居设计的细节美，可以为装修业主和设计师提供有价值的参考。

图书在版编目（CIP）数据

这才是我想要的家. 色彩风 ／ 李江军编. －－ 北京：中国电力出版社，2016.1
ISBN 978-7-5123-8621-1

Ⅰ．①这… Ⅱ．①李… Ⅲ．①住宅－室内装饰设计 Ⅳ．①TU241

中国版本图书馆CIP数据核字(2015)第287545号

中国电力出版社出版发行

北京市东城区北京站西街19号　　　100005　　　http://www.cepp.sgcc.com.cn
责任编辑：曹　巍　　责任印制：蔺义舟　　责任校对：郝军燕
北京盛通印刷股份有限公司印刷·各地新华书店经售
2016年1月第1版·第1次印刷
700mm×1000mm　1/16·10.5印张·245千字
定价：49.00元

前　言

　　家，是舒适、自然的，是一个让自己最为放松和身心愉悦的地方。

　　那么，家应该是什么样子？

　　在整个装修过程中，风格选择、色彩把握、空间规划、家居布置以及饰品摆设等大大小小的问题都会成为读者朋友们的困扰。

　　遇见本书，可以帮您拨云见日，真正发现：原来，这才是我想要的家！

　　书中内容既有设计的妙想，风格的碰撞，也有充满自然气息的治愈系居所。既可以是蓝色的浪漫，黄色的悦动，木色的品格，金色的贵气，灰调的高雅，也可以是简约、自由、都市或者禅意的。

　　《这才是我想要的家》系列的编写以提升家居美学为前提，给您带来别具一格的文艺小清新。本系列分为《色彩风》《简美家》《小户型》3 册。其中，《色彩风》以家居色彩表现技巧为重点，分为亮色点睛、木色怡人、浓墨重彩、清新蓝调、素色静谧、撞色之美 6 章，由设计名家解析每个案例的色彩表现技法，点评家居设计的细节美；《简美家》以各类简约风格家居设计表现为重点，分为北欧风格、时尚风格、现代简约、现代美式、现代中式、休闲风格 6 章，对每个案例从材料、设计、施工等环节进行一一剖析，内容既实用又时尚；《小户型》精选 90 ㎡以下的小空间装修案例，以收纳篇、风格篇、格局篇、软装篇 4 个章节，实用易懂地讲解了小户型放大术，可以为装修业主和设计师提供有价值的参考。

　　最后，希望本书的编写能够给您带来帮助。

目 录

contents

亮色点睛

■ 色彩是传递情绪的最佳媒介，当空间被赋予鲜明性格的时候，必然有一道亮丽的色彩，这是毋庸置疑的。

■ 整个硬装的色调比较素或者比较深的时候，可以考虑在局部用亮一点的颜色来提亮整个空间。比如在黑白灰的色调里可以选择一抹红色、橘红色或黄色，这样会带给人们不间断的愉悦感受。

■ 在本章中，将会系统介绍亮色在室内空间中呈现的各种设计表情。

波普音律

建筑面积 150m²	设计公司 1917 室内设计	设计师 卢燕

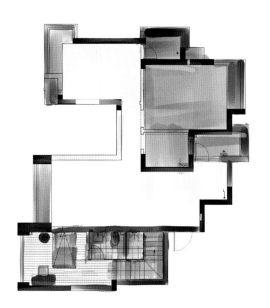

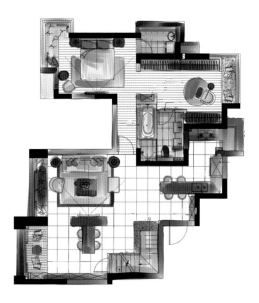

　　本案设计师在空间布局上将原有的三室户型改造成宽敞的大两室，在空间组团关系上处理得舒适得体，私密区域与公共区域得到很好地划分。主卧室的套间设计极大地提升了户型的品质感，大尺度的衣帽间与卫生间使其实用度与装饰性都达到了别墅级的居住感受，次卧室被改造成楼梯与餐厅，大胆地实现了双就餐区的功能，在使用上更是便利十足，与此同时，作为辅助就餐的吧台区也营造出时尚的居室氛围。

✅ 高级灰的背景色调

高级灰永远是优雅的代名词，因为它没有太多的情绪表露，所以用其作为背景色调显得十分得体。在配色上，本案采用藏青色布艺沙发，搭配白色线条印花抱枕，以保证其视觉感受免于沉闷，基于补色原理，又采用香槟金色金属质感的画框，使其在肌理与色彩关系上与沙发形成对比呼应的构成关系。

✅ 床头墙采用黑金色的处理手法

延续整体的高级灰基调，在床头背景墙上采用黑金色的处理手法，并选用金色的后现代吊灯，在线条感上与背景墙上的矩形金色镜面形成造型对比，使墙面上的金色点缀延伸到空间中，令室内整体气质在高贵中透着灵动；床品的色彩偏向于亚金色，在肌理上又一次与金色镜面形成对比呼应的构成关系。

入户玄关往往受限于空间尺度而得不到最大的发挥，在这种情况下，可以考虑本案的设计手法，将功能型的吧台设计成兼具玄关的功能，结合马赛克的背景墙设计语言，使玄关不再是一个面，而是一个立体的空间。

在看似仅仅只有白色与浅灰色的空间中，却包含了各种节奏的对比，比如，浅灰色地砖的仿石材肌理与暖灰色墙面乳胶漆的纹理对比；白色镜面烤漆面背景墙与白色墙面乳胶漆的材质对比；背景墙叠级处理与顶面矩形灯槽的造型对比等。少即是多，并不是一味的少，而是将多种设计手法融合到一个统一的设计语境中去，营造出"形少意多"的空间秩序。

最好的时光

建筑面积 260m²	设计公司 业之峰装饰公司	设计师 余颢凌

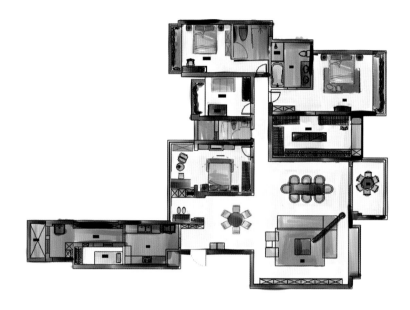

　　本案是一户大平层，原本的户型是比较完整的，打通餐厅飘窗台处的空间，增加了恒温酒柜与吧台，扩展出一个非常有情调的休闲区。主卧原本的衣帽间也做了扩大，实现了一个女性对于时尚的梦想。在装饰色彩层面上，采用均衡的理念，将灰色调运用得非常到位，灰色作为退居幕后的角色，烘托出家具与软装的质感，同时在空间中加入灵动活泼的色彩点缀，使空间被赋予了两代人的表情特征，瞬间令居室充满生活气息。

⊗ 黑白灰与点线面构成的空间画面

黑白灰是色彩中永恒的经典，而点线面是永恒的设计要素，本案巧妙地将灰色作为"面"来设计，将黑色作为"线"来处理，铺满的石材拼花与黑色木框架家具形成维度上的呼应，尽显结构之美，最终，空间中彩色的装饰画与家具扮演"点"的角色，令空间瞬间有了当代艺术的气质美感。

⊗ 地面黑色木地板与粉色墙面形成对比

粉色是作为设计女儿房的万金油元素，本案出彩的地方不在于粉色的多层次表现，而在于地面的黑色木地板与粉色墙面的高对比度搭配。黑色不光是服装界的百搭色，更是装饰界的百搭王，用黑色作为地面的处理颜色，可以更好地体现粉色元素在色阶、色度上的层次与纯粹，非常讨巧。

硬装与软装在色彩上必须有一定的关系。在本案的起居室设计中，绿色的色彩运用就体现出丰富的层次感，绿植、公仔、餐边柜三者之间用不同质地的绿色形成空间中跳动的节奏，不论是在材质表情还是色块形状上都产生丰富的对比与变化。

功能性空间的装饰往往会受到很多限制，导致可装饰的面非常少，面对这种情况，可以在地面或者顶面上下功夫。本案的衣帽间在地面的选材上，使用了手绘风格的花卉图案地砖，使原本规规矩矩的衣帽间充满随性的艺术气息，而高纯度的粉色新古典座椅，将女主人的喜好体现得淋漓尽致，充满生活情趣。　　　　➡

初见色彩

 建筑面积　70m² ｜ 设计公司　星艺装饰江西分公司 ｜ 设计师　张鹤龄

　　设计师富有创意地解决了本案在功能性上的不足，将卧室门前的走廊设计成独具匠心的书房区，满足功能性需要的同时，使之与起居室有明确的组团分工，互不干涉，而两者间的过渡空间设计成鞋柜，很好地弥补了玄关的缺失；厨房的双移门设计既有西厨的开放感受，又可以满足中厨爆炒的功能需要。餐厅的沙发装饰柜与移门柜既具备装饰性，又很好地解决了餐厅收纳的需求。在装饰层面上，整体呈现出一种成熟中带点俏皮的气质，大面积的浅色系烘托出装饰节点上的线条感与体块感。

◎ 彩色拼布单人摇椅提升色彩价值

生活阳台在硬装部分采用了仿古砖与防腐木的合理搭配,结合顶部的生态木吊顶,营造出一种欧式小花园的即视感,盆栽式吊灯与白色鹅卵石地槽的细节处理将空间的精细程度提高了一大截,在这种悠闲恬适氛围的阳台上,用一把彩色拼布单人摇椅点缀其中,令色彩的价值大大提高,吸引眼球。

◎ 公共空间的色彩表现手法突出多样化

金属质地与黄色灯光及棕黄色吊灯相呼应,形成了地面上的反射光装饰节点,用以作为第一梯队点缀色,巧妙地给空间提升了品质感。第二梯队主要使用低饱和度色彩作为基调色,其代表为电视背景墙的蓝灰色与地毯、餐椅的色彩组合,其色彩表现手法突出多样化与多层次。

黑色是模糊界面的颜色，在走廊设计黑色的墙面，加之灯带的烘托效果，很好地模糊了墙体界面，使其在视觉上显得宽敞一些，而手绘图案的存在更是为空间提供了更多情趣与情绪。

墙面和地面的斑马纹马赛克铺贴是整个空间中最为出彩的节点。黑色与白色是色彩中永恒不变的经典，大花白大理石、黑白波点浴室帘、黑白色墙砖分别展现出不同形式、不同规则的黑白搭配，将斑马纹马赛克的质地与颗粒感衬托得美轮美奂，灰镜与灯带更为整个空间提升一个大节奏，稳住了斑马纹马赛克的活泼感。

海洋的情绪

🏠 建筑面积 70m²　　　　　设计公司　盒子设计机构　　　　　设计师　盒子

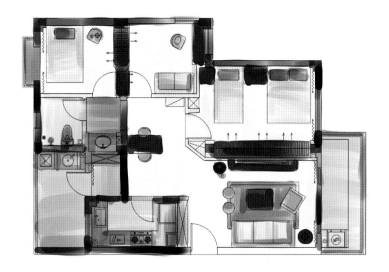

　　设计师在格局上模糊空间组团的界限，大胆地将起居室与主卧室的开间尺度进行有机共享，在主卧室增加一个床位的基础上，将卧室收纳拉伸到最大的程度，同时，书房与次卧室也通过共享的收纳系统使之无缝衔接。通过主卧室在中轴线上的斜切阳角，令客餐厅之间富有流动性，通过跳跃的节奏使空间与主题产生连系。

◈ 柠檬黄色的电视柜成为空间的视觉焦点

看似简单的白色墙面与顶面，通过欧式线条的装饰使之产生体量上的节奏感，又辅以原木色的复合木地板，将基调先行沉淀下来，明亮的柠檬黄色电视柜与背景墙在线条的处理手法上与白色顶角线产生呼应关系，有着繁与简、静与动的情绪对比，仿佛是欧洲小镇的阳光令人心情愉悦。

◈ 运用明黄色餐椅点亮餐厅空间

暗红色餐桌与明黄色餐椅的搭配，使之与客厅的跳跃色之间产生对话感，设计师使用暗红色与黑色的衬托，再一次加强了黄色的力度，而欢快的明黄色彻底诠释了这个空间作为一个家的情绪。

色彩的力度必须通过对比来实现，中性色系的沙发、墙面和地面及窗帘用配角的心态来烘托出鲸鱼壁柜的主角身份，而动物线条与冷灰色的金属质地的结合，更是整个空间中独一份的特别存在。

玄关柜的整体手绘图案为功能区域呈现出一个崭新的面貌，看似抽象的画作有着些许梵高式的意识形态，而沙发背景墙的鲸鱼造型似乎也被这面手绘图案所吸引，这种动静相宜的、带有戏剧情节的处理手法大胆夸张，然而却往往能带来意想不到的效果。

潘朵拉的调色盘

 建筑面积　180m²　　　　设计公司　桃弥设计　　　　设计师　李文彬

　　本案设计师在空间格局上做了新的调整，功能布局配备细致到位，动静分区规划合理。将休闲室设置在客厅旁，既能将公共空间增大，又能增添互动。餐厅设6人位大长桌，将空间规划得既单纯又好用。干湿分区的公卫、开放式洗手台瞬间将过道空间增大且变得灵动起来。设计师更是将色彩运用发挥到极致，大面积的撞色带来一场色彩碰撞的盛宴，冷暖色的大胆运用，让人惊叹设计师对色彩的娴熟运用与超强的驾驭能力。

◈ 卧室色彩比例控制的相当考究

设计师在色彩搭配上既细心又大胆，对于色彩在空间里的占比控制表现得相当考究，占比不多的红色里加了蓝色的成分后，红色转变成暖色中的冷色，于是，它与蓝色搭配时才显得如此和谐又出彩。

◈ 几何形黑白地砖带来强烈的视觉冲击

色彩的点、线、面的大胆运用构造了玄关的视觉冲击，让业主每次出门与回家的心情上扬到极致。

柠檬黄的餐桌与墙上的装饰画从色彩与比重上平衡了整个餐厅空间,特意弱化了灯与窗帘的存在感而全部搭配了白色,以防止它们喧宾夺主,设计师娴熟的空间建造能力,将冷暖色彩比例与饰品的平衡运用得恰到好处。

玄关的几何形黑白地砖,恰到好处地中和了鞋柜出挑的色彩,由点到面丰富了整个玄关空间。而看似无序的柜门色彩分布实则有其排序规律,一块竖立大长条形灰色和横向长条形黑色综合了由冷色到暖色的过渡与转变,设计师的巧妙心思都暗藏在此。

波普棱形用作床头背景，设计师又将图案色彩里的蓝色与暗红色作为空间延伸色，大面积的蓝色用作墙面，小部分的暗红色窗帘与柜子则成为点缀。空间的主次关系分明，摒弃了一切不必要的元素，所有的存在都有它的原因，既相互呼应又相互协调。

小黄人的欢乐时光

 建筑面积　86m² ｜ 设计公司　上海飞视设计 ｜ 设计师　张力

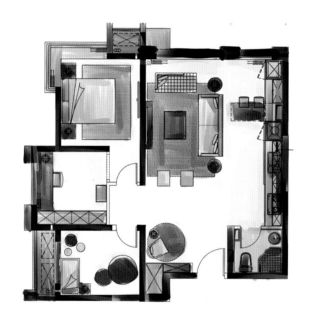

　　设计师对格局做了大胆的改造，开敞式厨房与客餐厅的无缝对接使整体空间落落大方。内部构造统一协调、井然有序，而六扇移门又把客厅、厨房做了软性隔离与区域划分。为了使空间感觉通透大气，设计师在顶面造型上舍去了多余线条，尽量走边走顶，在纵向上拉大了视觉尺度感。在软装的搭配上，为空间增添了女性时尚灵动的感性层面和充满童趣的内心真我。

充满女性感性特征的客厅色彩

高阶色度的红黄蓝彼此加入高级色的成分，使颜色充满女性的感性特征，如优雅、活泼、开朗等词汇都能从颜色中感受到；而客厅的点缀色成为了镜面的异形圆茶几，弧面的镜面反射结合电视背景墙的镜面共同营造出变化丰富的色彩表情。

黄色与蓝色通过对比点缀书房空间

颜色的明度与纯度在进行对比装饰的时候，降低其中一环便可达到和谐的点缀效果，本案设计师在色彩的对比上下足了功夫，降低蓝色的纯度，提高其明度。黄色也是如此，两者在软装层面上反复对比，形成了饱满的空间情绪，使人心生愉悦。

白色圆点由大及小地指向地毯的中心，在异形圆茶几的底部加入立体的乒乓球，而空间中处处跳脱的圆形装饰物，以及圆形的透光孔，更是体现了设计师在软装细节上的巧妙用心。最后，玫瑰金不锈钢条的介入在感性的青春色彩中，形成细腻高贵的女性气质。

设计师提取了《神偷奶爸》中红透半边天的小黄人的电影角色，在题材上就先人一步让人乐于接受，而墙面上的爬梯与水管让人不禁想起电影中的情节。在装饰层面上，小黄人与本案所使用的明黄色系有着直接的关联，两者有机的结合，瞬间赋予空间一份纯粹的童真。

初春的阳光

 建筑面积 170m²   设计公司 北京王凤波装饰设计   设计师 郭筱玉

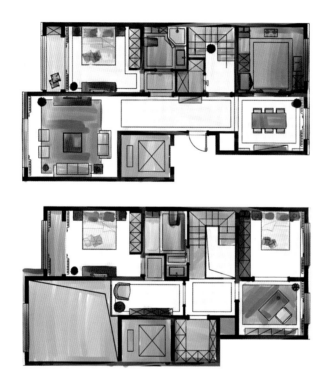

    本案设计师在整个空间布局中，并没有因为面积上的局限而省略掉任何居住功能。南侧主要为一二层挑空的客厅，通过走廊可到达北侧的可开敞、可封闭的厨房，厨房外面就是一个"四变六"的餐厅。由于此处空间较窄且走廊与餐区结合，设计师把餐厅的侧墙整体做成了镜面效果，在镜面上直接挂画，使空间显得更加深邃和宽广。设计师还在一层楼梯起止处，做出来一个小衣帽间，以便业主进门更衣换鞋。此外，二层南北各一个房间，中间为独立的业主家庭起居空间。

◈ 不同的绿色构成卧室背景墙

从自然界提取初春的色彩，用不同色度的绿色构成错落有致的卧室背景墙，穿插茶镜的棕色象征树干的色彩，床品布艺与窗帘等软装饰品同样选择了绿色系来呼应墙面的色彩，使整个空间显得生机盎然，床头的橙色台灯则用发光的暖黄色来暗喻初春的阳光，温暖怡人。

◈ 儿童房以彩虹的元素为装饰重点

儿童房重点提取了彩虹的元素，从床品到窗帘，以及装饰画都采用了彩虹色系，而墙面的暖绿色与地面的木地板辅以大红色床具，则将彩虹色系烘托得绚烂活泼，同时又免于混乱。高阶的暖绿色搭配正红色的组合，带有一丝俏皮的气质，在这种色彩居多的空间中，白色的点缀便尤为珍贵，白色软装与踢脚线的出现，更是给空间加入了清新的情绪。

客厅的造型看似繁复，颜色斑斓，实际上这些元素都有规律可循，在色彩层面上，绿色系的窗帘既与地面的绿色相呼应，又与家具的红色形成对比，同时墙面的明黄色又与家具及软装的颜色形成呼应；在造型层面上，圆形分布在墙面、地面与空间之中。这样的处理手法可以让空间中体现的元素不单一，同时纵横面的展开也可以有效地提高整个空间的丰满程度，令空间更加耐看。
⇦

在餐厅的设计中，视觉中心的位置设计出一幅别致的装饰画，画作的颜色精致且当代，为了与之呼应，餐厅的家具与软装都采用各自统一的颜色进行摆放，这是在规矩之中寻求破局的手法，正所谓点睛之笔不用多，只需一幅画，就足以破局。
⇩

木色怡人

■ 原木的色泽本身就是充满文脉气息的，充满了温度与关怀。

■ 在室内空间中，往往添加一抹纯木的颜色，就可以带给人清新与温和的感受，这种感受不仅仅停留在视觉上，它更是在触觉与嗅觉上都能给人以温润的体感。

■ 木质是无法替代的美。灵活运用纯木的色彩，给家中带上一份儒雅的气质吧！

素木年华

 建筑面积 107m²　　　设计公司 朵墨设计　　　设计师 程程

　　本案虽为传统的三居室布局，却不能阻挡设计师迫切地想要表达业主的这种世上最深沉的爱——为人父母，为人子女的爱。整个空间完全不理会固有的墙体格局，充分发挥想象。在材质上，设计师选用了让人感觉亲切的木材、水泥、鹅卵石等，通过艺术加工，呈现出一种似曾相识又耳目一新的感觉。本案最大的挑战还在于原创工艺和制作上，如沙发、洗脸盆台面、门等一切化腐朽为神奇的制作方法，将物品真实而巧妙地一一呈现。

⌼ 木色顶面与地面形成呼应关系

色块的咬合关系既可以是不规则的，也可以是抽象的，然而顶面的呼应尤为重要，空间是立体的，在顶面作呼应关系的色块可以有效提高设计语言的饱满度。本案设计中木地板的应用便是一个很好的诠释，木似水，流连在空间之中，使之充满灵气。

⌼ 马赛克拼花与原木形成质感上的互补

灰色作为中性过渡色，在本案中素水泥与银镜得到巨大的反差对比，而低饱和度的马赛克拼花则成为空间中最为抢眼的一抹色彩，用质感对比着原木的古朴，形成互补。

色彩相同，而肌理不同，是常用的色彩对比手法，本案中原木与木地板的处理手法正是典型的肌理对比手法，而灰色的水泥节奏处理则巧用了小鹅卵石的排列，使墙面形成了点线面的序列感，并用曲线中和了原木的直线感。

在素色调的大氛围中，高级色的合理运用可以增添一份独到的清雅，不论是浅灰绿还是薰衣草紫，都是与原木水泥绝配的高级色，而空间的神态，往往就是一两抹颜色带来的。

绅士的品格

 建筑面积 150m²　　　　　**设计公司** 怀生国际设计　　　　　**设计师** 翁嘉鸿

　　设计师在空间布局上展现出成熟的空间组团关系，公共区域与私密区域通过一道移门隔开，互不干涉。位于起居室的书房采用开敞式设计令空间层次分明，电视背景墙与玄关柜的斜角处理在空间秩序上使之具备流动性。客餐厅之间一气呵成，给人带来干净利落的视觉感。设计师将主卧室电视背景墙设计成带有隔墙性质的整墙衣柜，既加长了衣柜的收纳长度，又适度减少了主卧室的睡眠尺度。

◎ 碧绿底色的装饰画起到画龙点睛的作用

原木色木饰面与法纹石共同诠释了大地色系的典雅气质，黑色木饰面节点营造出干脆利落的收口系统。起居室中的点缀色为绿色系，家具瓷器典雅的高级绿给空间透露出一份文人气息，而书房的那幅碧绿底色的装饰画，更是整个空间画龙点睛的一笔。

◎ 高级灰在客厅中的合理运用

现代设计风格中高级灰的运用是永远不会过时的。灰色包含了很多色度与色阶，用不同的材质去体现不同的灰度，最终呈现出一种优雅的氛围。

在高级灰配比的案例中，黑色的运用必须精细独到。在本案的餐厅设计中，黑色主要出现在门套收口、连壁搁板与灯具的选用上，其中，连壁搁板采用嵌入式钢板的手法，营造出一种悬浮的轻盈感，令人惊艳，而走廊尽头那幅黑底人物肖像画则丰富了黑色的形态，赋予其情感。

木饰面最为吸引人的便是其独特的木纹，而染黑的木饰面则保留了木质的温度，遮掩了木质的纹路，正是因为黑色木饰面没有明显的木纹，才能够凸显出电视背景墙的大理石纹理。

都会桃源

 建筑面积　134m² 　　　设计公司　成都一澜空间设计 　　　设计师　徐玉磊

　　本案原始户型传统方正，但是业主不想墨守成规，比较喜欢开放式的格局，因为开放式格局会让人觉得放松，于是，设计师打通了厨房的两面墙和电视背景墙。厨房、餐厅、客厅、书房看似连通，其实在鞋柜和电视背景墙造型以及中间那个大柱子的分隔下又是分开的，感觉有点儿犹抱琵琶半遮面的感觉。设计上提取了很多台湾设计的元素，简单的吊顶、地面，墙面的造型与色彩都比较简洁，抛开了无谓的造型，只是通过材料本身的质感变换来显示出空间的层次感。

⊘ 原木吊顶给空间带来温和质感

东方的美学倡导内敛含蓄，餐厅的设计通过唐式格栅手法分割空间的秩序，用原木吊顶突出材质的质感，既显得温和亲切却又不失笔法之洗练；而黑色镜面的介入，又给空间增添了一份水墨情怀，往往大色块的重构能带来的不仅仅是空间中丰富的层次感，更能隐约地体现出空间的禅境。

⊘ 苍蓝色窗帘彰显文人的儒雅气质

台湾设计的痕迹在本案中无处不在，装饰符号的谨慎使用，使整个空间在视觉上看不到太多的文化图形，而恰恰是因为这样，才凸显出材质本身的色彩与肌理，这更多体现的是设计者本身对文化的自信，这种自信不需要装饰符号的支撑，只需要一点色彩的点缀，比如苍蓝色的窗帘，就已足够彰显文人的儒雅气质。

电视背景墙的背面处理成书房的书架，这种赋予功能性的空间界面手法十分讨巧，而黑镜的深邃色彩与大理石的清雅白色合理搭配，更是将这样一个厚重的书架整体"悬浮"了起来。色彩不单单是视觉的信息，有时候甚至可以模糊体量的大小。 ⇩

电视背景墙木饰面的对花工艺，是在肌理上与大理石形成对比，一个对仗工整，一个行云流水，这些都是中式美学的自然符号，整个空间的气质在这一面墙上就能得到十足的体现。文化底蕴在很多时候不用依托装饰符号来诠释，只需要材质本身的特质衬托就足够了。⇨

大美木歌

| 设计师 Denny Ho | 建筑面积 126m² | 设计公司 蓝翔设计 |

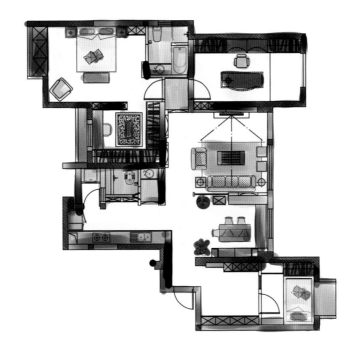

　　功能布局上并没有太大的改变，只是在原有空间打造上增加了许多功能性使用。首先，把入户右边的房间分成两个部分组成，一是作为入户门厅鞋柜和储物柜的部分，大大增加了整个居家的储物空间。二是作为儿童房，增加了整个空间功能上的使用。其次，把卫生间也分为两个部分，进行干湿分区，这样使用上也会十分方便。主卧室里考虑到使用功能上的最大化，卫生间保留，并且为业主留出了衣帽间的位置。因为考虑到业主工作上的需求较多，所以次卧室作为书房使用，并且在靠窗的位置设计成榻榻米，作为一个休闲放松的区域。

✅ 橘色墙面赋予空间炽热的情感

仿古砖与深色木质的搭配经典耐看，往往单一的木质肌理，是难以表达空间情绪的，而橘色的跳色处理可以将空间的热情点燃，瞬间赋予其炽热的情感。

✅ 橘色砖墙隔断体现乡村风格特点

橘色砖墙与橘色乳胶漆的肌理对比通过一面文化石的电视背景墙得到了呼应，彼此破开的墙角打破了空间的规整造型，塑造出充满活力的节奏变化。

客餐厅区域的节奏点主要体现在砖墙的缺角和木作墙面的顶角，两者一虚一实，互为跳色，用色彩加强节奏点的变化，是非常聪明的做法。

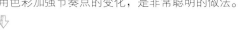

美式空间中，如果木作墙面的颜色整体偏深的话，在壁纸的选用上，可以采用低饱和度的写实型图案壁纸，本案的主卧室采用的低饱和度图案壁纸与床头的装饰画在题材上形成统一，在画面结构上与整体空间达成繁简对比，非常吸引眼球。 ⇨

梦的城堡

| 设计师 黄莉工作室 | 建筑面积 100m² | 设计公司 昶卓设计 | |

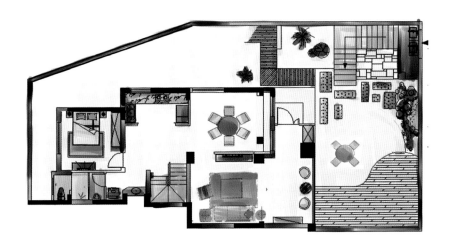

　　这套房子建筑面积不到100m²，设计师大胆地将书房与厨房连接，又巧妙地做成了城堡样式的储物空间，使用了强烈的现代简约风格符号，整体布局看似减去了一个房间，事实上功能却因此变多，让这个空间有了无限可能性，是书房、是聚会的地点、是餐厅……本案的平面布局手法是典型的舍与得的辩证，舍去"一室"的大胆手法换来了阔绰的奢适多功能厅，这种舒适的生活感是原先的户型难以企及的。

⊘ 素白基调的空间显得灵动舒适

素白的空间点缀黑色吊线灯、黑色挂钟与黑色沙发之间，节奏上显得灵动舒适，融入墙角的白色城堡若隐若现，不经意地出现在余光之中，仿佛儿时的梦，似乎在述说骑士与公主的北欧童话，整体空间使用素白基调，配以浅木纹地板的安逸，阳光透过白色的窗帘柔和地洒在沙发上，令每一个角落的色彩都有了生命力。

⊘ 木质吊顶弱化大梁的存在感

餐厅与开放式西厨的顶面采用小坡度木质吊顶的手法将两者合二为一，巧妙地弱化了大梁的存在感，并将木质吊顶作为空间中一处个性鲜明的节奏对比，使之木作墙面在肌理上与木质吊顶形成点与线的节奏关系，突出了本案的北欧情怀。

起居室中的暖灰色硬包弧形墙是一处比较高级的设计，其很好地与城堡的弧形产生对仗，同时用硬包拼接的手法将墙面的节奏感加大，由此可见，设计往往不用复杂，恰到好处很重要。

不论是墙面的黑色餐边柜，还是墙面与顶面的木质元素，都是小空间中的大语言，不可否认，主材之间的大语言对比往往可以营造出惊艳的视觉感受。

浓墨重彩

■ 会用重色的设计师都是色彩大师，江山多娇、生活多彩，人生本就是缤纷绚烂的。

■ 在浓墨重彩的篇章中，陈列出各种风格的颜色搭配，既有波普的摩登魅力，又有欧洲的奇妙幻境。

■ 不管最终感受到多少色彩的构成，都不可否认的是，明快的色彩永远不会被淘汰。

摩登红唇

 建筑面积 95m² **设计公司** 6 添设计

　　本案在原结构的基础上做了大的调整。把原户型的主卧和客厅调换了位置。在空间上，能让视野变得更开阔。整个大红色的饱和度很高，为了让空间的视觉感受更和谐，用了很多的灰蓝色来与其互补，并且局部点缀了明度很高的黄色，让视觉平衡。为了扩大客厅的视觉感受，特地把其中一间房做成了储物地台的开放式书房，成为集储物、休闲、睡眠、学习于一体的功能性空间。轻质砖砌了半高墙，一分为二，一边涂成蓝色系，保留了材质本身的肌理效果，一边作为电视背景墙，墙的背后就是可供两人同时学习使用的书桌。

⊘ 客厅空间的色彩多而不乱

空间中超过三种颜色就会显得乱，本案的高明之处就在于，其表象上虽然颜色繁多，然而本质上，是三个颜色之间用其不同的饱和度与色相进行多种撞色对比，从而形成了看似繁杂，却依旧和谐统一的画面。

⊘ 彩色手工砖使空间充满跳跃感

卫生间采用了极具趣味的设计手法，其中，彩色手工砖的运用给予了空间极高的生命力，使空间充满跳跃感，原木色的吊顶更是大胆地将黄色体现得充满层次感，令人欣喜。

补色对比是常用的色彩搭配手法，黄紫搭配的墙面之所以协调是在色彩明度上有对比关系，绿床品搭配红床品之所以协调是在色彩饱和度上有对比关系。由此可见，一种成功的补色搭配的根本在于其色彩属性上要有所考量，而明度、饱和度、色相都可以成为一个亮点。　　　　　　　　　　　　　　　　↓

一个颜色的灵气，需要周边的色彩来陪衬，本案中的蓝色柜门之所以非常亮眼，其幕后功臣就是地面上的深色木地板，它将蓝色柜门凸显得十分醒目，而米字旗圆地毯不论是在造型上还是在色彩形式上都和蓝色柜门形成巨大的反差，效果突出而不突兀。

欧巴的问候

| 设计师 | 陈建民 | 建筑面积 | 140m² | 设计公司 | 上海瀚高杭州分公司（GF）设计 |

　　本案对平面空间做了一些调整，在进门口处新增设了玄关，使整体空间有了立体感的变化，丰富了空间与空间之间的流动性，增添了空间与空间之间的层次感，而增设玄关后又恰好增加了储藏空间，使其能很好地弥补了三代人居住和储藏的功能性，达到了事半功倍的效果。因为考虑到客卫是个暗卫，而且离房间比较远，所以设计师把客卫做了一些调整，从平面上看，客卫的门开到了能看到阳光的墙面，使卫生间增加了采光度，缩短了与房间的距离。同时，为了使厨房的使用效率更高，本案利用客卫的空间，加大了厨房的使用面积。

❤ 粉嫩的红绿色系完美搭配

本案的色彩与造型结合得十分有趣，起居室的顶角线采用了北欧的木质造型，中西结合的软装配饰，同时结合低饱和度的红绿色系完美搭配，使人仿佛置身在韩剧之中，颜值系数非常高。

❤ 充满异域风情的餐厅空间

设计师在处理色彩的造型问题上采用了地域结合的理念，地中海风格的门洞造型，与嫩绿色墙面的结合，如同一个画框，令整个餐厅充满异域风情。

粉绿色墙面与原木墙裙都是设计中常见的元素，而本案出彩的地方是对于小色块的运用，腰线带起整个空间的情绪，灯饰又将这种情绪延伸到与空间对话的高度，而端景柜的造型又与顶角线形成呼应关系，使空间毫无凌乱之感，秩序井然。

加州阳光

 建筑面积 105m² | 设计公司 北京王凤波装饰设计机构 | 设计师 王凤波

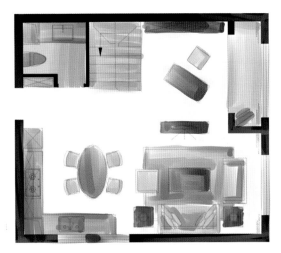

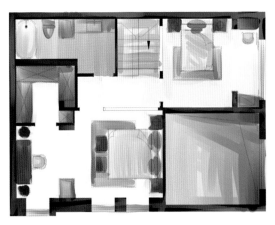

设计师从加州令人难忘的阳光景象出发，大面积运用黄颜色，打造了一个细腻且温情脉脉的小家。在客厅最大的墙面上，采用墙绘与护墙板相结合的方式，给客厅空间营造出一种童话氛围。配合鹿角灯和别致的沙发，墙绘在客厅空间形成了重要的视觉焦点。在整个二层的处理手法上，设计师以蓝色为主色调，局部沿用了一层客厅的黄颜色，使上下两层能够有所呼应。在儿童房的设计中，设计师把三角板等学习工具，直接作为装饰品挂在墙面上，起到了很好的装饰效果。

◎ 橙色系的主题墙绘呈现时尚气质

挑高的沙发背景墙采用了橙色系的主题墙绘，而黄色格栅又给予其空间延伸感，此外，鹿角吊灯与墙绘中的麋鹿之间看似不经意的呼应，又一次深化了空间的主题。同时深蓝皮沙发与蓝白格子布艺沙发的介入使得空间免于火热，其在色彩的搭配上有的放矢，活用补色，效果斐然。

◎ 黄色墙面给人阳光般的温暖感受

象征阳光的黄色墙面，彰显着强烈的情绪，而蓝色书架与蓝色格子单椅则降低了空间色彩的浓烈度，最后象征大地的棕色让整个空间沉淀了下来，此时的黄色墙面依然浓烈，却不再做作，由此可见，没有什么颜色是不能用的，关键在于色彩搭配的学问。

当公共空间色彩比重占很大的时候，房间里可以适当降低色彩的比重，以呼应与前者的关系，而且只需要在关键位置呈现即可，本案的卧室背景墙采用了典型的橙蓝补色设计，并通过软装的呼应与之匹配。其中，床品与窗帘、水果与果盘、水壶与台灯，都是与墙面色彩息息相关的设计，空间的饱满度正是这样体现的。 ⇩

仿古砖间色拼接的零碎色彩会给人以凌乱感，而墙面的紫红色与暖黄色墙面漆则将这种凌乱感转换成秩序感，在色彩体量上与之形成鲜明的对比关系，使空间乱而有序。

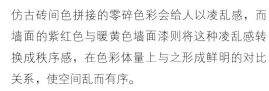

圣托里尼的浪漫旅程

| 设计师 | 马文龙　张宝刚 | 建筑面积 | 120m² | 设计公司 | 马文龙室内设计机构 |

　　本案在平面布局上打破常规的设计手法，用电视背景墙缩减客厅的开间尺度，从表面上看似乎客厅变小了，但在功能性上实现了主卧室、门厅、步入式衣柜以及入户玄关的存在，从本质上扩展了空间的使用功能层面的宽度。同时，餐厅和吧台以及生活阳台的共享空间使起居室的部分层次丰富起来。此外，沙发背景墙也与众不同地采用不规则设计，营造出活力四射且透着淡淡浪漫气息的生活空间。

客厅色彩完美表现出地中海风情

圣托里尼浓浓的爱琴海风情在本案例中得到了完美的体现，洁白的吊顶在天蓝色的乳胶漆墙面的映衬下显得格外纯净，而小花砖的应用更是为整个空间带来了清雅的生活气息。

电视背景墙装饰大面白色混油护墙板

电视背景墙的白色混油护墙板设计成功地为空间带来了些许贵气，黄铜灯饰跟原木家具的橙黄色与浅蓝色墙面形成鲜明的补色对比关系，浓郁的色系却带来清淡的享受，设计得十分巧妙。

玄关位置采用了规整的地面花砖拼贴，其中，红黄蓝三色拼接的画面既让人惊艳，又可以免去玄关柜单一色彩的单调感，而成为整个空间中最为点睛的设计。

本卫生间的设计不同于传统的设计，大面积的紫色仿古砖，结合红色花砖的设计，本来就已经十分跳跃，而低饱和度的彩色花线与紫色的防水乳胶漆则进一步加强了这种节奏，当情绪的节奏达到峰值的时候，带来的就是动中有静的多彩空间。
⬇

波普风尚

| 设计师 龙斯特 | 建筑面积 85m² | 设计公司 北京王凤波装饰设计机构 | |

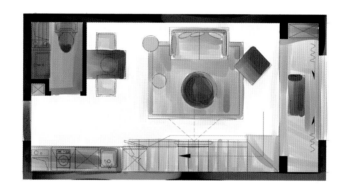

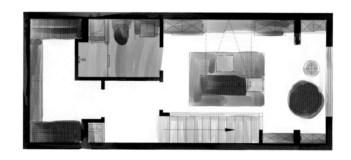

　　在整体白色基调基础上，设计师在局部的墙面、地面，以及家具和装饰品上，分别采用了非常浓烈且对比度很强的色彩，形成了很好的装饰效果。其中，墙面与楼梯踏步的造型均为钢琴键图案的延伸，寓意着像旋律般悠扬的生活。二楼的书房与楼梯相邻，为了更好地突出开敞空间的特性，特意把书房临近楼梯的墙面全部改为落地玻璃，并用黑色边框与楼梯空间相呼应。楼上五彩缤纷的主卫与楼下相对素雅的客卫，不仅在功能上有对内、对外的区分，而且给人的空间整体感觉也有很大的不同。

✅ 紫色的墙面衬托出黑白灰空间的优雅气质

黑白灰是色彩搭配中永恒的经典配色，它是波普题材的最佳画布，设计师在黑白灰的大基调下，用一面紫红色的墙切入进来，带出整个空间的大节奏，其紫色的优雅映衬出空间的气质，而软装带来的则是波普题材中明快而浓烈的点滴色彩，使整个空间动感而典雅，处处流露出设计师的独具匠心。

✅ 楼梯的黑白设计宛如钢琴

波普艺术，是来自生活的艺术，它的灵感来源于各种流行文化，如电影、音乐、广告、文学等都是它的来源，设计师的高明之处在于通过波普艺术的本质来诠释装饰。楼梯的黑白设计宛若钢琴，用简单的色彩象征音乐，走廊尽头的墙贴又似乎是电影的场景，整个空间用软装与硬装的色彩共同诠释着波普艺术独有的摩登气质，令人动容。

要想诠释波普艺术，就必须理解波普的前世今生，设计师在软装的选用上，一方面突出撞色原理，另一方面在装饰画上多采用 20 世纪广告海报的内容，使其不论是色彩层面还是内容层面都符合波普的气质。

楼梯下的位置与楼梯一样，运用了钢琴的元素，黑白之间合理搭配，一个白色的脸谱饰品将黑色处理得犹如古典油画一般深邃，而橙蓝对比的软装又为这个视角增添了些许跳跃感。

米兰风情

| 设计师 | 周留成 | 建筑面积 | 135m² | 设计公司 | 南京木桃盒子室内设计 | |

因为原始结构比较合理，所以并没有做比较大的隔绝改动，只是为满足 6 ~ 8 人同时用餐而设计了卡座，同时也起到了屏风的作用，在使得功能得到满足的前提下更加富有美感。其定位为简约现代风格，略带混搭，并没有使用大量的镜面以及玻璃材质，整体属于亚光系，使得整体空间在充满大量色彩的前提下不显得过于刺激。本案所使用的是大量的同类色和互补色，设计师在色块的比例上做到合理地把握，使其在冲撞中得到平衡。

◎ 黄色电视背景墙与蓝色沙发背景墙形成互补

墙面作为背景墙，采用低饱和度的蓝色与黄色使之形成互补，并以此凸显红色的点缀，而白色作为贯穿于整个空间的色彩，不断扮演着配角来衬托色彩的存在感，这样的混搭手法可以营造出理想的米兰式色彩气质——轻松与趣味并存。

◎ 餐厅运用多种色彩表现出十足的趣味性

餐厅的色彩运用得得体自如，绿色、黄色、蓝色、原木色等多种色彩都在空间中各司其职，自然色系与白色的结合最是美好，而顶部的吊线灯带给空间中趣味十足的一幕——就像向日葵向着太阳，吊线灯也追着餐桌。在米兰元素的室内装饰设计上，装饰画的趣味性非常重要，图中的装饰画不仅仅在色彩上的与之呼应，更是在内容让其与空间的情绪达到了统一。

黑白灰的纯现代风格厨房难免过于冷峻，而松石蓝的门套则使空间的气质在瞬间摆脱了冷酷的一面，转而带来了意大利式的时尚气息。因此，很多时候色彩可以改变空间的固有气质。

⇩

正红色配灰蓝色，是非常经典的配色，在客厅中，灰蓝与松石绿的同类色对比也非常醒目。同时，贯穿始终的正红色软装为空间呈现出摩登的一面，而装饰画与船形茶几则是意式风趣的体现。

⇦

清新蓝调

■ 蓝色是一种沉稳的颜色，其应用于家居之中，总是给人带来清澈、浪漫的感觉。

■ 蓝色是本章的主角，它承载了多种意象的色彩，既可以代表江河湖海，也可以代表无
边天际，它是人类最亲近的色彩。

■ 在清新蓝调的篇章中，重点诠释了在多种风格下的蓝色的表情，用实际案例告诉人们，
蓝色的基调是不会出错的。

雅典风尚

 建筑面积 100m²　　　　　**设计公司** 深圳市昊泽空间设计　　　　**设计师** 韩松

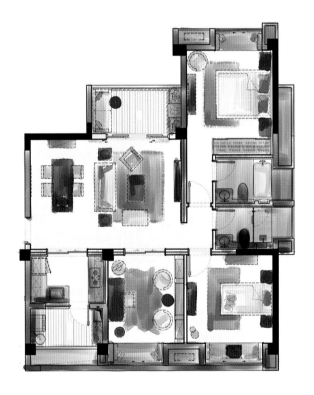

　　本案是100m²的三居户型，设计师在兼顾了两个卧室功能性的前提下，将书房设计成兼容度更高的多功能室，并使其在空间属性上成为公共空间部分，使原本不明朗的空间组团关系变得十分明晰，私密区域由此形成。在公共空间部分，四大板块紧密连接，方方正正，不浪费一点空间，而餐厅与客厅的连通设计也使得公共区域层次丰富饱满起来。

⊘ 蓝白色墙面给客厅增加浪漫气质

蓝色墙面与白色墙裙的设计，本身就有浓郁的浪漫气质，而暖灰色木作吊顶与人字拼花木地板，更是将这种浪漫的气质量化成了风情。

⊘ 米黄大理石与蓝色壁纸形成互补

帕拉米黄大理石的香槟金色与顶面的暖黄色灯带形成黄色系的虚实对比，其又与空间中的蓝色壁纸互为补色，而软装与沙发的颜色形成同类色对比，最后用胡桃木地板稳住整个空间气场，使之形成典型的典雅色调，贵气迷人。

米黄大理石的台面，暖灰色木作吊顶，香槟金色画框，暖灰色窗帘，都是黄色系同类色，而空间中流淌的蓝色与之一一对应形成补色对比，在沉稳的地面上用具有民族风格的菱形花纹地毯成就空间中最为活力的一笔，而带有 artdeco 纹样的镜面装饰，则在空间层次上让这种对比显得更加深邃与强烈。

卧室在这种光与壁纸的虚实补色对比中，又加入了灰色的软包背景墙，而精致的花纹装饰盘，则将这种黄蓝色的对比精细化到艺术表现的层面上。这个细节用事实证明，精细化、艺术化的呼应是会给空间加分的。

蓝调的优雅

 建筑面积　172m² 　　　设计公司　金元门设计公司 　　　设计师　葛晓彪

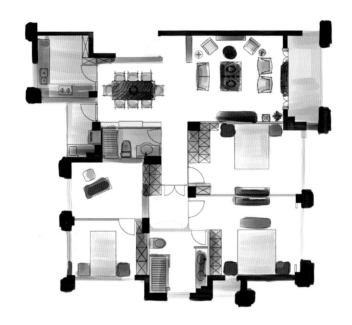

　　业主是一位从美国留学回来的有着小资情怀的女孩，一直梦想着能有一套梦幻典雅而又简约不凡的理想居所，设计师通过与其沟通并结合自己的独特创意，将原本空洞乏味的居所变得丰盈充实起来，以一种鲜活的姿态呈现在她的眼前。其中，玄关和阳台处的玻璃隔断设计，让整个房子通透明朗，阳光洒入屋内，经过墙壁和地面的折射似上了颜色，其又散射在整个空间，隐约透露着朦胧感；同时，客厅白色系的护墙、吊顶与深色系的沙发、墙面、装饰画搭配起来相得益彰，赋予了空间平衡之美；而餐厅的构思则是去掉堆砌的颜色和摆设，去掉设计繁复的多余家具，只用少许的蒲公英配饰物作为点缀和紫色的餐椅相互烘托，使整个空间看起来简而不凡。

◎ 白色系护墙板搭配深紫色系床幔

主卧白色系的护墙板搭配上深紫色系的墙纸与床幔，显得温馨而又浪漫，用浅色系的家纺作为点缀，其颜色的纯度从床前凳到墙面有意地设计成递进的关系，令空间层次饱满非常，越发显得悠闲雅致。

◎ 装饰挂盘挂在床头背景墙上起到点睛作用

客卧的主题是清新，装饰挂盘代替装饰画出现在主题墙上，配合蓝白格子墙纸，富有英伦艺术气息。而蓝色壁纸的墙面与蓝色乳胶漆顶面则是其在空间上的延续。

紫色与蓝色是整个空间的大
语言，用白色系护墙板分割
彼此，形成贵气十足的法式
空间。而铜质家具的运用，
巧妙得体，既与蓝紫色系形
成补色关系，又凸显了空间
本身的高贵气场。

摒弃顶角线，转而用紫色墙面代替顶角线，降低白色系护墙板的高度，可以有效提升空间的视觉高度，一方面令空间的色彩关系更加连贯，另一方面让白色系护墙板与紫色墙面的色彩关系愈加丰满。

流淌的地中海

 建筑面积 270m² | 设计公司 上海森域装饰设计 | 设计师 管伟

　　原户型结构是比较方正的，改动不大。但是作为一个复式户型来说，会客厅的大气感并没有显现出来，因为常住的人口不多，所以把一个客房打通后并到会客厅里来，让会客厅显得更加大气。同时，把书房与会客厅一起结合起来做了一个半开放式的开间，使其尽可能满足朋友聚会的要求，而居住空间都放在了二楼。

⊘ 海星装饰图案表现出地中海主题

活力的体现不需要太多的装饰。电视背景墙角落里的一点造型，辅以星星点点的海星装饰图案，便有了地中海的味道，而蓝色用同类色原理进行布置，便可达到休闲中带点人文的效果。

⊘ 橙色仿古砖铺贴的吧台成为一处亮眼的装饰

橙色仿古砖铺贴的吧台，成为地中海风格中抢眼的一处装饰设计，其既拥有了功能上的可能，又在色彩上强调了生活气息。

女儿房的设计融入了地中海风格特有的壁龛设计，粉嫩的空间里不忘加上一个蓝色的吊灯，使之与整体居室的风格相匹配，同时又增添了几分情趣。

蓝灰色与米色仿古砖的合理搭配带来原石一般的质感，而蓝色马赛克则是空间中不可缺少的设计元素。此外，造型装饰镜的运用也独具匠心，与马赛克隔断的圆润造型统一配合，打造出温润的效果。

爱琴海岛屿的美好时光

| 建筑面积 | 132m² | 设计公司 | 支点环境艺术设计 | 设计师 | 杨坤 |

　　本案以纯美的蓝白色调，清新而别致的家居装饰元素，雅致宁静的氛围作为完美搭配，不经意间将地中海风格的曼妙唯美展现得淋漓尽致，传递出海边浓浓的浪漫风情。而设计师在公共区域的独具匠心体现在中西厨的部分，以一个两者并存的状态诠释了当下多元化的生活方式。墙面肌理漆的质感仿佛把人带到了圣托里尼岛，使人感受着海岛城市的人文情怀。

◈ 独具一格的餐厅背景墙设计

喷绘的蓝天与建筑剪影，艺术化地展现了雅典的独特韵味，设计师通过正负形的设计手法，赋予色彩以造型，形象生动。同时，风格化的家具与斜线排列的蓝色吊灯在节奏把控上也显得非常空灵。

◈ 白色客厅空间恰到好处地出现蓝色电视背景

洁白的空间画面中，契合主题的蓝色电视背景出现得恰到好处，而作为背景的白色则在肌理上做了多种变化，以此来凸显蓝色的纯粹。而米色仿古砖象征着金色的沙滩，使整体空间的色调柔软而有质感。

卧室的色彩细节在于顶角线的位置，墙面与软装在色彩上用大色块的对比，营造出粉嫩的卧室空间氛围，而格子壁纸的出现，既对中央空调的出风口有一定的遮盖作用，又使得整个空间的色彩有了精细的层次变化。

←

采用原木地板与蓝色床品的搭配来凸显地中海风情，而白色的层次感在这个作品中体现得尤为丰富，白色壁纸上的主题图形与蓝色床品图形形成图案体量上的节奏变化，很好地诠释了图形对于装饰设计的重要性。

↓

海洋的气息

 建筑面积 146m²   设计公司 爱尚设计工作室   设计师 姚爱英

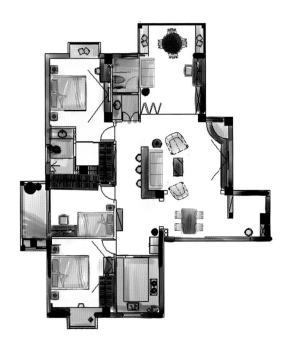

　　设计师在进门处增加了鞋柜作为玄关背景，既充分提升了门厅的储物空间，增加了亮点。并将过道空间纳入餐厅，让空间得到充分利用。在功能区域，把书房设计成可开放可封闭式，使客厅面积更大。同时，利用过道空间增加吧台，既利用了过道空间也分隔了区域，让原有的沙发区更稳定，使得整个客厅更加宽敞。

◈ 米色立面造型与仿古砖地面相得益彰

米色立面造型如同流沙，将空间的节奏处理得行云流水，而仿古砖的地面以大地色系的面貌展现使得节奏不至于跳跃。最后，蓝色的点缀让流沙之间仿佛有了海洋的气息，使其沉稳与活力并存。

◈ 米黄色肌理漆其余蓝色仿古砖的搭配让空间变化丰富

卫生间的干区空间处理成蓝色仿古砖的设计，而动感十足的米黄色肌理漆则用地中海特有的造型使干区的空间形体变化丰富。正是这种方圆共生的设计手法，将两个各自象征大海与沙滩的颜色有机地结合到一起。

设计师在形体的把控上有着卓越的能力，各个空间界面都处理得富于变化，这样的处理手法充分地使米黄色在整个空间中流动起来，而蓝色的宁静，体现在门、灯饰、家私、软装等各个方面，将每一个跃动的米黄色静止在时间的维度上，这就是动静结合的体现。

功能厅的部分延续了起居室的元素，由于空间属性的不同，设计师将这个区域处理得相对稳重许多，而深棕色的仿古文化砖墙的设计更是将这种人文情怀落到实处，使整个空间富有人文主义的元素。

多彩的中产生活

建筑面积 170m² 设计师 钟墨

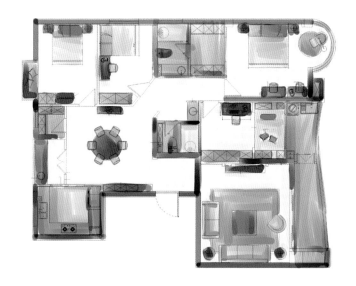

　　本案在平面布局上，将客厅与餐厅通过玄关隔离开，使其各自享有相对完整独立的空间，中西厨兼顾储藏间的设计在功能层面上达到了使用最大化的便利，干区开放的客卫弥补了走廊空间的尺度缺陷问题，四个卧室各自具有相对完整的功能分布，主卧室更是集合了六大功能。而阳台的两段式设计既实现了生活阳台的私密性，也方便了生活路径。

⚑ 深木色与纯蓝色组成的美式卧室空间

纯蓝色墙面的运用大胆而自信，深色粗肌理木地板在色彩层面上实现了与其在空间的大色块对比。在家具与软装方面，原木色家具与黄铜灯饰打造出大气磅礴的大美式风范，而深咖色窗幔则将这种美式风范进行到底。

⚑ 利用仿古木吊顶界定出走廊空间

走廊的空间位置用打通的卫生间干区实现了视觉上的阔绰观感，同时，简洁的美式台盆柜用深邃的黑色呼应相框与镜框的颜色联系，使空间显得沉稳大气，而仿古木吊顶则给空间添加一抹悠闲的假日情怀。

儿童房的设计采用了清新明快的绿色系同类色对比，其中，嫩绿色书桌与绿色座椅搭配使用，而原木椅面的介入则在质感层面上为其代入了英伦式的优雅风范。因此，给颜色赋予情绪是让颜色富有感情的最佳方式。

局部点缀的端景可以带来非常提神的效果，而契合主题的色彩装饰，则能够给空间赋予神态气质。此外，装饰画的题材选择一样可以达到空间情境的要求。

素色静谧

■ 中性色系的魅力往往可以突破国界，而成为受众最广的高级色系。在空间设计中，素色的运用可以有效提升空间的品质感，是打造高品位空间的主要途径。

■ 本章列举的案例在素色的采集与搭配上各有秋千，其环境耐看度非常之高。而诸多文化内涵，都能在素色环境中得到充分的展示与表达。

■ 活用素色搭配，是提升设计效果的一个重要的技能。

随性情调的问候

 建筑面积 105m²   **设计公司** 林永富设计

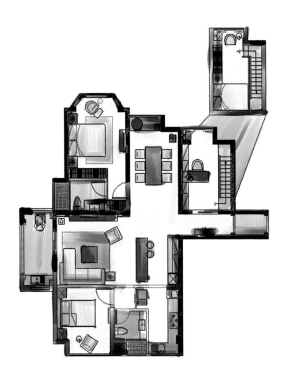

    设计师将情调的元素运用到平面布局的各个关键节点上，将吧台设计在起居室与中西厨之间的界面处，提升了空间的情趣指数，而餐厅的飘窗台处理得精细有序，点滴之间彰显出高雅品位。另外，起居室部分采用流畅的大语言进行设计，整体色调的处理不仅仅在平和中带有稳健的性格特点，更是在局部出现一些趣味性的设计提升了情调的比重。卧室的功能性床头背景墙使得空间的立面节奏丰富多彩，而又不失格调。

◈ 米黄色大理石铺贴的电视背景墙奠定空间基调

米黄色大理石的色泽与肌理打造出空间中最为醒目的一幕，而黑色镜面的运用将石材的特性通过深邃的镜面反射得到空间的延展，与之匹配的黑色不锈钢门套与黑色软装又将这种稳健的节奏在空间中不断延伸生长。最终，米黄色的大基调将这些色彩元素衬托得浑然一体。

◈ 棕色木饰面成为让白色吊顶不显单调的搭配

色块的出彩需要休块的支持，在本案的设计中，白色吊顶的造型变化多样，使之节奏明快，对仗工整，而在此前提下，明快的棕色木饰面便成为空间中象征着热情的色彩，与水吧台的空间属性产生微妙的化学变化，设计师巧妙利用材质的本身的色彩加强了空间的情绪。

餐厅用大面积的车边镜拓宽了开间的视觉尺度，而窗边的大理石置物台，则用精准的工艺呈现出其轻盈可靠的石材形象，由此可知，黑色与米黄色的搭配不会出错，其带来的只有精准的美学理念。

◁

黑色镜面是对空间虚实的有力诠释，而黑色不锈钢则是这个虚实界面的有效轮廓，淡金色墙纸的微弱光泽在黑色不锈钢金属的映衬下，显得内敛而不做作。由此可见，所谓现代简约风格的时尚元素，正是黑色与金色的有机结合。

浑然天成

建筑面积	190m²	设计公司	观域设计咨询事务所	设计师	林志明　柯智益

　　客餐厅公共区域分割成两大体块，视听背景墙与餐厅的背景墙处于同一个平面，用红橡饰面统一起来，让客餐厅显得更整体，沙发背景墙与餐厅的通道也处于同一个平面，大胆使用了"出砖入土"的环保材料外墙古堡石，让电视背景墙与沙发背景墙形成一种粗与细的强烈对比，再利用深色家具押韵，使整个空间看起来更协调，而主卧和主卫也适量沿用客餐厅沙发背景墙的材料，让空间彼此能联系起来，形成一种共鸣和互动。

◉ 古堡砖墙面成为黑白灰客厅空间的主角

黑色家具、白色吊顶黑色收口、灰色地面砖与窗幔，黑白灰的元素在空间中留下了自己的印记，而古堡砖的墙面具有隽永的建筑文脉感，在黑白灰的语境中，其以巨大的反差对比呈现在人们眼前，在软装的层面上，一条随形皮草地毯与点滴的绿色植物，仿佛在安静地述说着空间的故事。

◉ 古堡砖与木饰面形成反差

空间整体节奏处理得极具仪式感，而两侧的材质运用反差巨大，古堡砖与木饰面在肌理上一个粗犷、一个细腻；在工艺上一个古朴、一个精细；在造型上一个随形、一个规整，看似两种完全不相干的材质，通过色彩的共性关系，巧妙地形成了统一，妙趣横生。

卧室的部分延续了古堡砖的
做旧米黄色的处理手法，在
色彩上选用了近乎于黑色的
深灰色壁布作为墙面的装饰
元素，结合原木色壁柜，将
空间的气场处理得禅意十
足。由此可见，材质本身所
带来的色彩变化，是整个空
间中最为醒目的序列。

卫生间用现代感十足的灰色墙地砖在肌理上与之相呼应，其同样是采用了同类色不同肌理的设计手法，而白色卵石的水槽设计则成为空间中最为凸显意境的设计手法。

淡雅金色世家

建筑面积　120m² 　　　设计师　刘捷

　　本案设计师摒弃了复杂多变的做法，所有设计在保证其具有现代设计风格的基础上尽量抽取线条，采用了隐形的房门、柜门及内嵌式踢脚线，实现了其简约的一面。而皮质光感系列家具独特的光泽则使家居倍感时尚，具有舒适与美观并存的享受。在配饰上，设计师延续了黑白灰的主色调，以简洁的造型营造出时尚前卫的感觉。同时，设计师巧妙地运用原木色、黑色以及皮质光感来体现高品位的格调生活，使整体设计既不显奢华又能充分体现业主身份。

◎ 黑白元素的装饰画与地毯给人以独特的视觉享受

黑白灰的主色调结合原木色的木饰面，最大限度地展现了当代设计的经典元素，同时，内嵌式踢脚线在加强结构线的基础上，与黑白灰的主基调形成呼应关系，而黑白元素的装饰画与地毯，用中西方结合的艺术形式融合在空间之中，形成独特的视觉享受。

◎ 主卧室利用色彩表现时尚高贵的气质

主卧室的设计采用了经典的黑金搭配，黑色硬包与玫瑰金收口线互相搭配，简洁精致，而原木色的木饰面更是在大色块上再一次呈现了黑金的魅力，营造出时尚高贵的气质。

黑色线条贯穿在空间
中，将灰色石材飘逸的
纹理限定在相对稳定的
平面语境中，用纯粹的
原木色木饰面打造出空
间里唯一的细腻肌理，
而不规则的壁龛排列将
整个空间的表情处理得
灵动而不失稳重。

⇨

设计师大胆地使用深色系完成背景墙的设计，用硬包的分割线条概括出空间的节奏，以此来打破原木色衣柜门的规整线条，而提炼出线条语言的最终目的，彰显出色块之间的衔接关系。

当代的东方韵味

| 设计师　杨铭斌 | 建筑面积　103m² | 设计公司　硕瀚创意设计研究室 | |

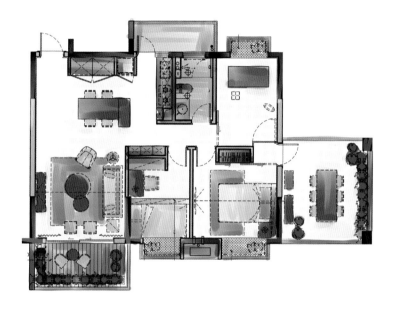

　　一个格局相当方正的房子，不刻意地有了角落的产生，让大空间中分支出许多方正的小角落，而作为空间的端景也是具有机能性的中介空间。考量每一个区块在跨区行进之间的视线里，都能向前方延伸，空间组合关系变得如此灵动，使用各种机能家具适得其所地摆放，让业主在生活的一举一动之间，空间的定义自然生成。

◈ 原木家具呼应石材地面

原木家具与石材地面之间有着千丝万缕的关联，不论是纹路抑或是色彩关系，都是彼此呼应的同类色对比，而在这样的语境下，白色本身便有了必然性，它用最纯洁的语言，诠释出木质的魅力。

◈ 客厅采用留白的设计手法

客厅的设计采用了东方美学中留白的语言，将东方美学中常用的留白手法设计在电视背景墙的位置，看似空旷的白色，却在细部加入了倒角收口，使得墙面节奏依然有所延续。而在家具与软装的色彩配比中，采用黑灰色调使空间趋于平稳。

将色彩的元素与造型相结合，重构东方美学意象，是非常高级的设计手法。在卧室的床头背景墙部分，采用侧向灯带与组合吊灯搭配的手法，实现了光的情境化表现，用一个深灰色鹿头挂件，点缀在两条灯带的中间位置，使之没有直射光源与之匹配，从而使得暖灰色的纸艺有了光影的环境指引，形成了虚实交汇的床头背景墙效果。

儿童房的设计介入了纯度较高的黄绿色作为墙面的色彩，而通顶的镜面可以使空间的节奏得到根本性的变化，亦真亦假的视觉感受使空间有了更深层次的诠释。

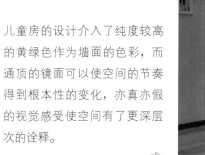

静止的韵律

建筑面积　130m² 　　设计师　王勇

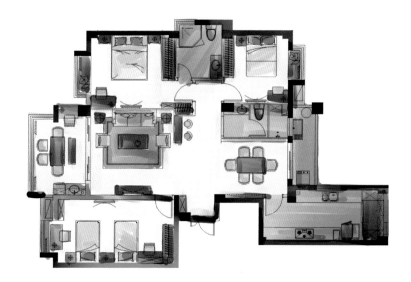

　　本案通过线条简单的木质家具与富含艺术感的灯饰，用最直白的元素语言体现空间和家具搭配的氛围。客厅电视背景墙与暗门相结合的手法将功能与视觉结合在一起，在结构和形式上保证了空间的完整性。而沙发背景墙上的软木与黑白组合画之间运用最少的设计语言表达出最深的空间内涵。抽象的挂画穿插在每个空间，餐厅与客厅的融为一体表达了空间不再追求某种具象化的形态，而是通过空间情感交流到达某种境外之景。

◈ 采用形似原木质感的石材装饰电视背景墙

选用形似原木质感的石材，使空间给人的第一感觉便是简约的气质美。电视背景墙旁的一侧装饰着一块以黑白花样的石材勾勒出轮廓的装饰面板，在其另一侧，深浅咖啡色材料撞色拼接而成的多变使得电视背景墙如同木纹一般的简约而又不显得过于质朴。

◈ 地面铺设浅灰色地砖与电视背景墙相呼应

地砖上线条感极强的浅灰色纹路与电视背景墙相呼应，使密布的线条层次在整个空间内穿梭，赋予空间深沉内敛的质感。电视对面靠墙的皮质沙发与一块铺展在脚下的浅青灰的毛毯一同为空间注入同类色对比搭配所独具的温馨与柔情。

灰色的线条感可以带给空间的流动感，而对其大面积的使用则可以将这种视觉感受进一步放大。最后，使用浅肌理的米棕色墙面可以将这种流动感静止下来，使空间趋于宁静。

银白龙大理石的纹理具有丰富的动线变化，将其大面积运用的时候，石材本身的文脉便会凸显出来。而黑色的柜体装饰，则稳定了这种丰富的变化，令其更具韵律感。

⇐

静谧与光明

| 设计师 | 方磊 葛诚云 马永刚 廖宇花 | 建筑面积 | 155m² | 设计公司 | 壹舍室内设计 |

　　客餐厅利用铁件玻璃推拉门，区隔厨房和餐厅，当门片开启时，空间彼此串联，当门片关闭后，使其仍能保留空间穿透感。主卧大片的落地窗，将室外河景延引入室，电视背景墙既一墙两用地分隔其他空间，也独立地让开放式的梳妆间可配置与此。而主卫则采用开敞式的态度来回应原本采光不足的建筑结构，玻璃隔间创造出更为开敞的空间，其间穿插的短墙又很好地保护了隐私区域，形成视觉穿透却又隔绝，似透非透的空间趣味。

✅ 金属质感成为餐厅空间的主基调

拉丝不锈钢镀古铜的金属质感在空间中勾勒出高贵的轮廓，显得简洁利落，同时，木饰面、壁布、哈雷米黄石材共同营造出大气的暖金灰色调，其中又以灰色系的诠释最为神秘，而仿生吊灯的空灵则为这一抹神秘带来了呼吸感。

✅ 玫瑰金线条分割大面石材墙面

用拉丝不锈钢镀古铜条分割了墙面的哈雷米黄大理石，形成了类似建筑表皮的墙面肌理，用玫瑰金线条作为填缝的性质，在色彩上完成了大理石的层次需求，使得大理石材质在空间中被赋予节奏感，变化丰富耐看。

用暖灰色系的拼接追求玫瑰金线条的直接，将石材的内敛与皮草的高贵结合在一起，用材质本色的组合，诠释出意大利式的时尚味觉，不需要多余的装饰，展示其原本的样貌就已足够奢华。

在现代风格的装饰设计中，材质的色彩与质感往往可以起到意想不到的效果。镜面材质、梳妆台的玫瑰金色与齿棱玻璃，联手打造出奢侈大牌的时尚即视感，贵气非凡。

丰富的空间表情

| 设计师 | 范继景 孙雨 周莹莹 李丽娜 高佳慧 | 建筑面积 | 120m² | 设计公司 | 壹舍室内设计 |

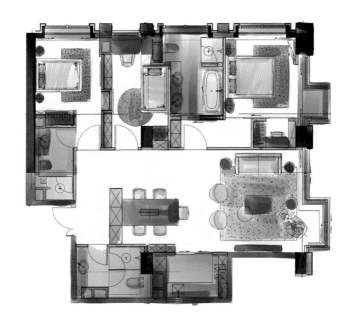

　　设计师将本案区间功能布置得十分丰富。从客厅到餐厅，再从厨房到卫浴间，尤其是卧室的设置，功能各有侧重，能够满足生活的多种需要。其中又以入口玄关处吊柜的设计为本案的画龙点睛之笔。矩形的不规则分布，木皮与不锈钢之间相互辉映。柜体还留有开放式的柜格，使客餐厅与玄关形成空间互动关系。餐厅的颜色以木皮色为主，从墙面到柜体再到餐桌的黑色大理石，客厅的衬托给了空间装饰上的跳跃感，让餐厨空间充满了富于变化的表情。

◈ 明快的白色调与深色木地板形成两个表情

在灰色系中，调和不同的色度，用线条划分出构图层面的梯队关系，用餐厅的暗色调凸显客厅明快的白色调，而地面通铺的深色木地板，又一次在空间秩序上将两者打通，使之形成两个表情，一个开朗活泼，另一个沉着可信。

◈ 吊顶灯带成就深色柜子的轻盈感

餐边柜的原木色通过吊顶灯带的设计手法，使之与顶部的边界模糊不清，同时在餐边柜的底部通过白色大理石的介入与黄光灯带的设计，使之与地面的界面同样模糊不清，进而成就了体量上的轻盈感。

如果落地窗外景色宜人，室内的装饰设计就需要适度地弱化窗口的色彩，浅灰色的窗帘与烟灰色的墙面可以有效地突出窗外的美景，而顶角线的收口系统，又一次在色彩上勾勒出了空间的结构。最后，两盏金黄色的吊灯更是与落地窗外的天空形成巧妙的补色关系，匠心独具。

➪

狭小的空间同样可以做出现代装饰设计风格的韵味，比如黄灰色的原木色木饰面与紫灰色的床品对比，黄灰色书桌的轻薄造型与紫灰色抱枕的饱满造型的体量对比。

烟灰色的贵气

 建筑面积　206m² ｜ 设计公司　福州半山装饰设计 ｜ 设计师　周通

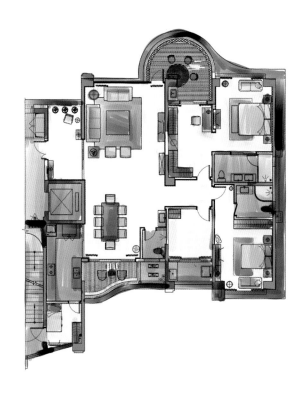

　　简约、质朴的设计风格是众多业主所喜爱的，生活在繁杂多变的世界里已经是烦扰不休，而简单、自然的素色生活空间却能让人身心舒畅，感到宁静和安逸。木质墙面、米色石材、白色吊顶可以让整个空间散发出浓郁的自然气息。而在简洁的块面中加入了设计感极强的家具、灯具、装饰画，为家居生活带来不一样的时尚和个性感受，让业主在纷扰的现实生活中找到平衡，缔造出一个令人心驰神往的写意空间。

棕色皮草地毯点亮米灰色客厅空间

米灰色的石材与壁布的搭配大气简洁，没有多余的造型，棕色的皮草地毯与窗帘是用来搭配米灰色的最佳选择。其整体效果稳重大气，毫不拖沓。

拼花皮草地毯给空间带来清新感

木地板与木饰面都为空间注入了棕色的主基调，而拼花皮草地毯则给空间带来了不一样的清新味道，将棕色的大语言打破，形成独具匠心的小节奏。

在软装的引用上，暗紫色的装饰最能在米灰色系中跳脱出来，暗紫色并没有强势的一面，其只是静静伫立，就已彰显出气质，而墙面上的丝质挂花装饰，更是与过道中的装饰花形成了巧妙的对话。

⇐

米灰色的大理石墙面如果没有拼接手法的变化，那么就要在造型上给予一点节奏，只是设计添加几条凹槽便可以突出工艺的细致。而木饰面墙面更是将这种工艺的精细化体现在更多的地方。所以说简约并非简单，细节决定品质。

■ 所谓撞色是指对比色搭配，包括强烈色配合或者补色配合。

■ 撞色的运用是当代艺术的一大特色，在家居设计配色中，巧妙使用不同气质的色彩来搭配装饰，也能创造出鲜活个性的装饰效果。

■ 撞色之美的篇章中用精选的案例告诉人们，一组对比明快的撞色，在空间中绝对是画龙点睛之笔。

欧陆风情

 建筑面积　180m²　　　设计公司　幸福•格色设计　　　设计师　康源

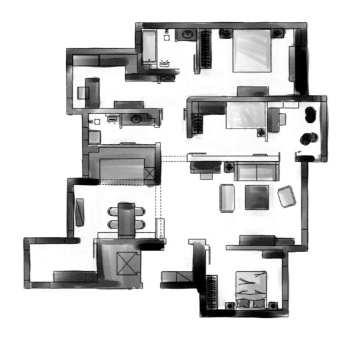

　　本案的原始户型基本合理，无论是采光还是功能性都有很多优点，所以尽量保留了原来的优势，只做了两个地方改动：一是把儿童房略作缩小，保留儿童房和阳光房之间的畅通，并为了增加儿童房的采光而添加了窗户，这样使得阳光房也可以兼具儿童房的附属书房。二是把主卧室和书房打通成套房的形式，一方面更方便业主使用，另一方面也凸显了整体房间的大气感。因为厨房空间偏小，所以采用了敞开的方式增加了空间视觉上的共享效果，并把原来的储物间做成了厨房的补充，把一部分厨房的功能，如烤箱、微波炉、蒸箱等安置在储物间内。

灰色混油处理的欧式造型搭配红砖背景墙

浓厚的欧式造型通过灰色混油的处理呈现在白色的墙面环境中，将空间与造型的介入关系体现得淋漓尽致，而红砖本身的背景墙又一次将这种欧式语言延展到生活的层面。而在软装的选用上，大胆的使用蓝色家具与黄色仿古砖形成撞色对比，而软装与灯饰的色泽也遵循这一特点进行配比搭配。

紫色与黄色布艺为空间添彩

灰色的家具与黑色木质顶角线得到节奏性的变化，而空间中跃动的紫色与黄色，在灰色调的背景下，显得格外抢眼。

灰色是非常完美的调和剂，它足以支撑起每一个撞色的品质。在本案中，灰色虽然贵为主角，但它包容着每一个色彩的存在，捍卫着每一个色彩的发言权，其中，黄色的顶角线、明黄色的窗帘、黄铜吊灯，都在灰色的衬托下笑颜如花。

⇩

灰色同样可以作为配角，让大面积的紫色墙面得到最好的视觉发挥，而在软装的选用上，
黄色系的同类色多元化的介入，让空间显得更为饱满和谐。

轻盈的浪漫

| 设计师 康源 | 建筑面积 140m² | 设计公司 幸福·格色设计 | |

　　户型改造重点之一就是走廊。因为原本的走廊比较狭长，光线也很暗，所以走廊一侧的两扇门，做不同程度地向后退过去的处理。客卫改成干湿分离的布局，一方面使用起来更方便，另一方面使得卫生间的门距离走廊更远，释放出许多空间，使走廊狭长的感觉一下子得到缓解。并且卫生间的门采用了透光不透影的玻璃材质，同时增加了走廊的采光度。另外，走廊另一侧的储物柜，为了增加其使用度，也做了功能性的分割，一面用在房间里做衣柜，另一面保留在走廊一侧做了功能性强的鞋柜。而鞋柜的柜门设计效果也打破了整个走廊空间给人的呆板感觉。

❤ 淡紫色与粉绿色的撞色运用

撞色的运用有时候不必太浓烈，清清淡淡的反而可以实现家居生活中浪漫的小情调。淡紫色与粉绿色的撞色运用，可以在空间中找到与相之呼应的浅黄色与粉红色，而两组撞色的有机结合，再搭配精致的家具，就可以营造出一片粉粉的浪漫气息。

❤ 浅紫色墙面衬托出蓝色家具的质感

浅紫色的墙面，浅到几乎发白，刚好衬托了蓝色家具的质感。从技法上来说，相似饱和度内的色彩对比往往可以形成视觉层面上的统一。

家具与软装的色彩通过同类色的设计手法进行撞色处理，既有了时尚的波普艺术感，又有了清新的情怀，而这一切的功臣，就是浅到几乎发白的浅紫色墙面。

在整体偏浅的色调中，留出一个位置，作一些略显浓烈的色彩对比，可以达到意想不到的设计效果。图中的群青色与肉粉色的撞色对比，在各个环节进行着对话，不论是质地还是区域，都有各自鲜明的对比，十分精彩。

青柠物语

| 设计师 姚莉 | 建筑面积 120m² | 设计公司 鸿鹄设计 | |

　　原户型中的餐厅位置靠近进门处，采光不是太好，设计师打通其中一个客房改成餐厅，并且在进门处设计一个开放式的阅读区，使得空间的采光和通透性得以增强。同时，设计上大量运用了清新的草绿、果绿和柠檬黄等色彩，让它们在黑白与木色间灵动，极具现代感的简洁造型、愉悦的色彩，从内到外都洋溢着阳光的味道。搭配随意的柜子，左右不用色彩的窗帘，设计师的一个个小创意都让业主欣喜若狂！

卧室采用同类色之间进行撞色的手法

设计师对色彩的运用毫不吝啬，将木地板作为底色，在空间中看似随意地使用着颜色，然而不论是使用绿色系还是蓝色系，都能发现设计师运用的同类色痕迹，将同类色之间进行撞色的手法十分高明。在细节的考量上，甚至将婚纱照上面的蓝色也加入撞色的对比中去了。

各种层次的绿色表现出大自然的画面感

同类色的处理手法在本案中表现得十分尽兴，各种层次的绿色充实了空间的画面感，而原木家具则将这种绿色的节奏变化赋予了大树的寓意。最后，最为出彩的撞色窗帘更是将这种节奏感带向了高潮。

绿色与棕色是树木的原色，将具象化的树木分割成意象化的色彩，使得大自然的语言在空间中出现得恰当而不失趣味，而黑白地砖的铺贴更是将色彩的珍贵体现了出来。

色彩与功能结合的最好结果，就是为业主带来惊喜，双人位的小书桌与木质搁物架的搭配设计本身没有太多的特别，然而将色彩加入进去的时候，整个空间如同画龙点睛一般有了生命活力，这或许就是设计师所愿景的青柠物语吧。

| 设计师 李舒 | 建筑面积 180m² | 设计公司 南京米兰装饰 | |

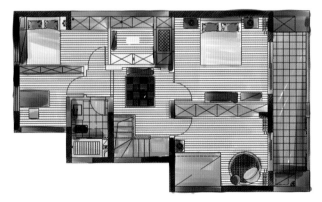

　　本案在功能性的处理上有许多亮点，比如，二楼的卫生间原来设置在一楼的厨房正上方，而这在传统观念上是犯忌讳的，于是，设计师把主卧的卫生间改成了客房。主卧与儿童房之间的墙体拆除并插入衣柜，以便其收获更多的储物间。一层厨房开门做成外抛式拱形碎片门，这样设计既扩大了厨房的入门口处，也能让厨房与餐厅之间通风且美观。本案在选材上也有很多亮点，比如采用碎片做踏步和门洞，采用毛片石做电视背景墙，采用手绘花砖做楼梯侧步等。

◉ 彩色花片的厨房门洞与毛石门洞形成色彩上的撞色对比关系

在餐厅的部分，用三个圆拱形门洞使得空间的节奏感非常明快，彩色花片的厨房门洞更是与毛石门洞产生色彩上的撞色对比，成为画面中最吸引人的部分。

◉ 吊顶与墙面的圆拱造型形成对比关系

吊顶部分带有一点拜占庭建筑设计的顶部语言成分，其与墙面的圆拱造型形成对比关系，而将原木色与浅绿色搭配的撞色设计手法更是一种不会过时的手法。

手绘青花花砖铺贴的楼梯与二楼的明黄色照明形成撞色对比的虚实呼应关系，在这种虚实呼应之间，原木踏步的节奏便显得趣味十足了。

粉绿色与米黄色仿古砖的搭配，可以通过添加设计一些欧式造型来达到轻松与精致并存的效果。地面的拼花，墙面的线条，这些都是形似游离色彩之外，实际却附着在色彩本体上的存在，它们带来的往往是将色彩处理得更显精致的资本。

我们的诺漫邸

| 设计师 张鹤龄 | 建筑面积 120m^2 | 设计公司 星艺装饰江西分公司 | |

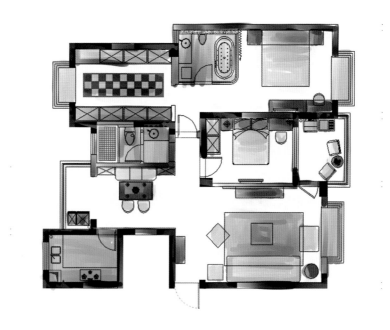

　　本案是一对新人的婚房，在平面布局上，主要的改动是打破了三居室的原有结构，将主卧室扩大成带有衣帽间的套房，极大地增强其实用性。在设计风格上，采用了时尚的黑白色调，用苹果绿作为空间的撞色。在整体的色系把控上，凸显材质的肌理，力求实现一个时尚摩登的诺漫邸。

◈ 苹果绿的沙发背景墙与斑马纹电视背景墙形成对比关系

苹果绿的沙发背景墙在色彩的层面上与黑白基调进行强大的反差对比,而其斑马纹的壁纸则在形式上细化了黑白基调的层次。最后,电视柜使用宋体字的"一"更是对当下流行文化的一种绝佳诠释,其设计含量很高。

◈ 鲜红色床品点亮黑白色调的卧室空间

用黑白色调将卧室沉浸到一个时尚的语境中,而鲜艳的红色床品则是这个空间中最性感的问候,这是典型的色彩情感表达。

餐边柜用一个充满爱意的马赛克装饰画诠释了
这个空间的属性，而设计师的细心之处在于即
使是主题式的马赛克，也依旧要通过桌椅与软
装的选色使其在色彩上达到统一。

黑白线条从墙面流淌到地面，使空间得到了软化，而端景的人物摄影，则将这种黑白对比拉升到艺术的高度。最后，黑色立面搭配白色台面的做法更是在台盆与浴缸之间建立了有趣的对比关系。
⇩